Sudipta Goswami
Dipten Bhattacharya
Chandan K. Ghosh

Dependência do tamanho das partículas do acoplamento magnetoeléctrico em nano BiFeO3

Sudipta Goswami
Dipten Bhattacharya
Chandan K. Ghosh

Dependência do tamanho das partículas do acoplamento magnetoeléctrico em nano BiFeO3

ScienciaScripts

Imprint
Any brand names and product names mentioned in this book are subject to trademark, brand or patent protection and are trademarks or registered trademarks of their respective holders. The use of brand names, product names, common names, trade names, product descriptions etc. even without a particular marking in this work is in no way to be construed to mean that such names may be regarded as unrestricted in respect of trademark and brand protection legislation and could thus be used by anyone.

Cover image: www.ingimage.com

This book is a translation from the original published under ISBN 978-620-2-30928-8.

Publisher:
Sciencia Scripts
is a trademark of
Dodo Books Indian Ocean Ltd. and OmniScriptum S.R.L publishing group

120 High Road, East Finchley, London, N2 9ED, United Kingdom
Str. Armeneasca 28/1, office 1, Chisinau MD-2012, Republic of Moldova, Europe
Printed at: see last page
ISBN: 978-620-8-29917-0

Resumo

Utilizando experiências de difração de raios X e de neutrões em pó de alta resolução, determinámos a deslocação descentrada dos iões dentro de uma célula unitária e o acoplamento magnetoeléctrico em BiFeO3 à escala nanométrica (≈20-200 nm). Verificámos que tanto a deslocação descentrada dos iões como o acoplamento magnetoeléctrico apresentam uma variação não monotónica com o tamanho da partícula. Aumentam à medida que o tamanho da partícula diminui em relação à massa e atingem o máximo em cerca de 30 nm. Com uma maior diminuição do tamanho das partículas, diminuem abruptamente. O acoplamento magnetoeléctrico é determinado pela anomalia na descentralização dos iões em torno da temperatura de transição magnética (*TN*). Os iões, de facto, exibem um grande deslocamento anómalo em torno da *TN*, que é analisado utilizando uma abordagem teórica de grupo. Este facto está subjacente à dependência não monotónica do tamanho da partícula do deslocamento descentrado dos iões e do acoplamento magnetoeléctrico. A variação não monotónica do acoplamento magnetoeléctrico com o tamanho da partícula é ainda verificada por medição eléctrica direta de laços de histerese ferroeléctricos remanescentes à temperatura ambiente sob campo magnético de zero e -20 kOe. A competição entre o aumento da deformação da rede e a pressão de compressão parece estar a causar a dependência não monotónica do deslocamento descentrado em função do tamanho da partícula, enquanto o acoplamento entre a piezo e a magnetostricção leva à não monotonicidade na variação do acoplamento magnetoeléctrico.

ÍNDICE DE CONTEÚDOS

Capítulo 1

Introdução

A observação de diferentes padrões de movimento anómalo de iões em torno da transição de fase num sólido é gratificante, uma vez que gera uma visão mais profunda sobre a natureza da transição de fase [1]. Por exemplo, ao registar o deslocamento posicional dos iões de oxigénio no gelo amorfo em torno de uma transição de fase de primeira ordem sob pressão, é possível ver como os iões vizinhos mais próximos sofrem um deslocamento estático para além de uma pressão crítica para preencher parcialmente os intersticiais vazios, enquanto os iões vizinhos mais próximos mantêm as suas posições intactas durante todo o processo [2,3]. Este resultado ajuda a explicar o aumento acentuado observado na densidade do gelo amorfo acima da pressão crítica. O movimento anómalo dos iões perto da transição de fase também conduz a uma alteração profunda da estrutura eletrónica. No passado recente, foram utilizadas técnicas como a microscopia eletrónica de transmissão por varrimento com correção de aberrações (STEM) com combinação de imagens de campo claro anular e de campo escuro anular de alto ângulo [4] e a dispersão de raios X ou de neutrões por sincrotrão de alta resolução, incluindo a dispersão de raios X polarizados circular ou linearmente [5], para seguir as deslocações dos iões em torno da transição de fase. Também foram utilizados para registar a resposta dos iões sob diferentes estímulos externos, tais como campos eléctricos ou magnéticos. Os resultados fornecem informações pormenorizadas sobre o papel das deslocações de iões na indução de diferentes funcionalidades complexas. Enquanto a deslocação de iões em grande escala da ordem de ~10 -10^{-3-} 2 A é normalmente observada em torno da transição ferroeléctrica deslocante e do início da ordem de Jahn-Teller, o movimento de iões a uma escala comparável também pode ser observado em multiferróicos monofásicos [6] num regime muito distante da transição deslocante e/ou de Jahn-Teller. Espera-se que a sondagem do movimento individual de iões - que codifica informação específica sobre a estricção - ofereça, nesses casos, uma imagem microscópica sobre o acoplamento entre os parâmetros de ordem magnética e ferroeléctrica. Utilizando dados de difração de raios X e de neutrões em pó de alta resolução - registados ao longo das temperaturas de transição magnética (T_N) - seguimos os padrões anómalos de deslocação de iões no $BiFeO_3$ à escala nanométrica (≈20-200 nm) - o multiferróico à temperatura ambiente mais bem estudado [7-10]. Verificamos que a deslocação fora do centro da célula unitária, o acoplamento magnetoeléctrico e a deslocação anómala por tensão de iões individuais da célula em torno de T_N apresentam um padrão não monotónico de variação com o tamanho da partícula. A dependência do tamanho da partícula do acoplamento magnetoeléctrico foi também sondada através da medição eléctrica direta dos laços de histerese ferroeléctrica remanente nas nanopartículas sob um campo magnético de 0-20 kOe.

No entanto, durante a última década, já foi realizada uma extensa investigação sobre as propriedades ferroeléctricas, magnéticas e magnetoeléctricas do BiFeO3, utilizando tanto partículas nanométricas isoladas como películas finas epitaxiais. Por exemplo, foi observada uma melhoria de quase uma ordem de grandeza da magnetização devido ao aumento da cantonização dos spins, juntamente com uma influência anómala do comprimento de onda da espiral de spin (~62 nm) em partículas de diferentes tamanhos, abrangendo a gama de 5-100 nm [11-14]. O intervalo de banda, a não-centrossimetria estrutural, bem como o modo de fão suave associado à transição ferroeléctrica, foram também analisados em função do tamanho das partículas [15,16]. Estes parecem estar a diminuir monotonicamente com a diminuição do tamanho das partículas. Curiosamente, a experiência de dispersão de raios X ressonante [17] revelou que a sub-rede de Bi se funde abaixo de um limite de tamanho de ~18 nm. Este resultado contradiz a observação [18] de ferroeletricidade finita em películas finas epitaxiais de espessura tão pequena como ~2 nm. De facto, foi observada uma comutação completa de 180° dos domínios magnéticos sob um campo elétrico de varrimento [19] numa película fina epitaxial de BiFeO3. Foi também demonstrado que a engenharia de deformação epitaxial induz a transição de fase romboédrica para ortorrômbica [20] e até a formação de uma fronteira de fase morfotrópica [21] com a coexistência de fases romboédricas e tetragonais. A influência da micro-deformação em nanopartículas isoladas não foi, evidentemente, estudada em pormenor. Mais importante ainda, nem as películas finas epitaxiais nem as partículas nanométricas isoladas foram utilizadas para gerar um mapa completo da dependência do tamanho do acoplamento magnetoeléctrico. O mapa completo das propriedades ferroeléctricas e magnetoeléctricas ao longo de uma gama de tamanhos de partículas ≈20-200 nm em nanopartículas deformadas de $BiFeO_3$, aqui relatado, assume importância neste contexto.

Também se tentou conciliar as observações da dependência do tamanho das partículas do deslocamento descentrado dos iões e do acoplamento magnetoeléctrico do estudo dos padrões de movimento coletivo dos iões - determinados a partir da análise teórica do grupo e do refinamento dos dados de difração de raios X e de neutrões. Enquanto a deslocação anómala dos iões Fe segue o modo τ_1 ao longo de toda a gama de tamanhos de partículas, a deslocação dos iões O parece passar do modo τ_1 para o modo τ_2 à medida que o tamanho diminui para menos de ~30 nm. No entanto, não foi possível observar uma assinatura clara de transição de fase estrutural nesta gama de tamanhos. Este facto é consistente com as observações feitas por outros [11-17,22].

Capítulo 2

Experiências

As nanopartículas de BiFeO3 de diferentes tamanhos foram preparadas por via sonoquímica. Os pormenores da preparação das amostras foram descritos noutro local [23,24]. Para este trabalho, foram utilizadas amostras com um tamanho médio de partícula de 20, 25, 30, 40, 50, 60, 70, 80, 100 e 200 nm. O tamanho das partículas, a sua distribuição, forma, morfologia, estrutura cristalográfica, etc. foram estudados por microscopia eletrónica de transmissão (TEM). Os resultados representativos para partículas de tamanho médio de ~20, ~30 e ~60 nm são mostrados na Fig. 1. As temperaturas de transição magnética (T_N) das amostras de diferentes tamanhos médios de partículas foram determinadas a partir de calorimetria e medições magnéticas efectuadas entre 300-800 K. A T_N diminui de ~653 K em massa para ~615 K em partículas de tamanho ~20 nm (Fig. 2). Este facto é consistente com as observações feitas por outros [15]. Devido à espiral incompleta do spin em partículas de tamanho inferior a ~62 nm (o comprimento de onda da espiral) e ao aumento do ângulo de canting do spin, a ordem antiferromagnética enfraquece, levando a uma queda no T_N em partículas mais finas. Foram registados padrões de difração de raios X em pó de alta resolução a diferentes temperaturas ao longo do T_N (na gama de 300-800 K) com um difratómetro de laboratório (Bruker D8 Advance), bem como (em alguns casos) com uma instalação de radiação sincrotrão no ESRF (linha de luz ID22; λ = 0,3191 A) e na Photon Factory, Tsukuba, Japão (linha de luz BL-18B; λ = 0,88 A). Foram também recolhidos dados de difração de neutrões em pó (no difratómetro PD-2 do NFNBR, Mumbai, λ = 1,2443 A; difratómetro PD-3, λ = 1,48 A), tanto sob campo magnético nulo ao longo do respetivo T_N de uma amostra como sob um campo de ~50 kOe à temperatura ambiente (ou seja, muito abaixo do T_N). Os dados de difração foram refinados pelo FullProf para extrair os pormenores estruturais, tais como o grupo espacial, os parâmetros da rede, as posições dos iões, os comprimentos das ligações, os ângulos, a distorção, o momento magnético, o tamanho dos cristais, a microformação na rede, etc., para todas as amostras. As Figuras 3, 4 e 5, respetivamente, mostram os dados representativos de difração de raios X de laboratório, de raios X de sincrotrão e de neutrões e o seu refinamento. A micro-deformação tem

foram calculados durante o refinamento, activando as propriedades microestruturais utilizando o procedimento padrão do Fullprof [25]. Os valores de R p, R wp e χ apresentados na Tabela I abaixo, variam entre 5-25% e 2,0-8,0. Isto está dentro do intervalo aceitável. O desvio-padrão estimado foi utilizado para desenhar as barras de erro. O grupo espacial é R3c em todos os casos, tanto acima como abaixo do TN. O acoplamento magnetoeléctrico e o efeito magnetoelástico em função da dimensão das partículas foram determinados a partir dos pormenores estruturais obtidos por refinamento. Para algumas amostras selecionadas, foram efectuadas medições eléctricas diretas a fim de determinar a alteração da polarização ferroeléctrica remanente sob um campo magnético. A medição do laço de histerese remanescente sob diferentes campos magnéticos de 0-20 kOe foi realizada pelo testador de laços ferroeléctricos da Radiant Inc. (Precision LCII).

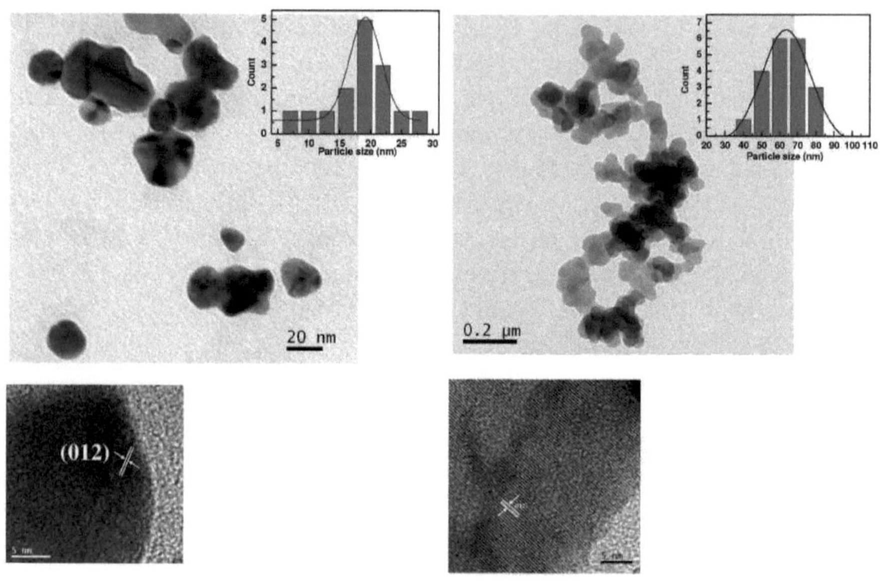

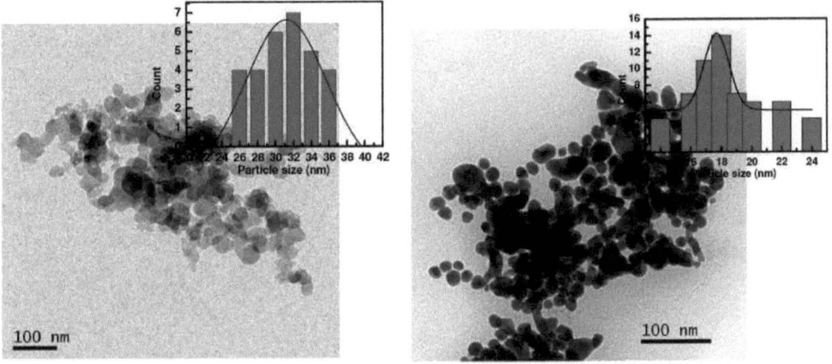

Fig.1. Imagens representativas TEM e HRTEM de partículas nanométricas de $BiFeO_3$.

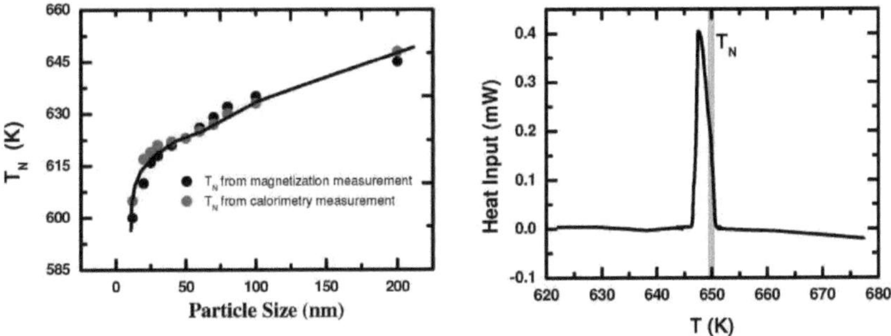

Fig. 2. (a) Variação da temperatura de transição magnética T_N (obtida por calorimetria e medições magnéticas) em função da dimensão das partículas; (b) traço calorimétrico diferencial de varrimento para a amostra global; o pico endotérmico parece ser bastante acentuado.

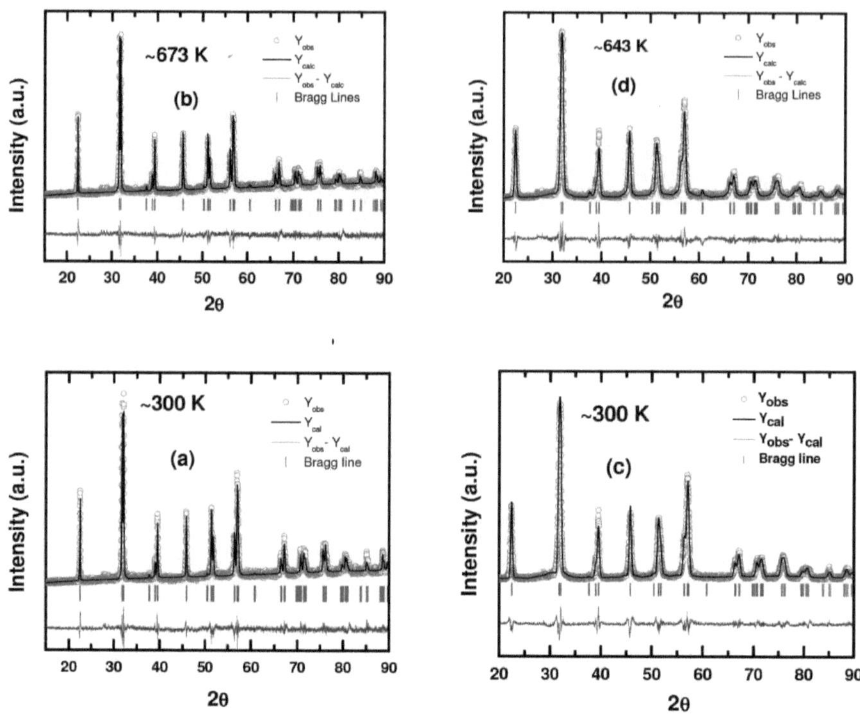

Fig. 3. Dados de difração de raios X em laboratório para partículas a granel [(a), (b)] e de ~30 nm [(c), (d)] a diferentes temperaturas e respetivo refinamento.

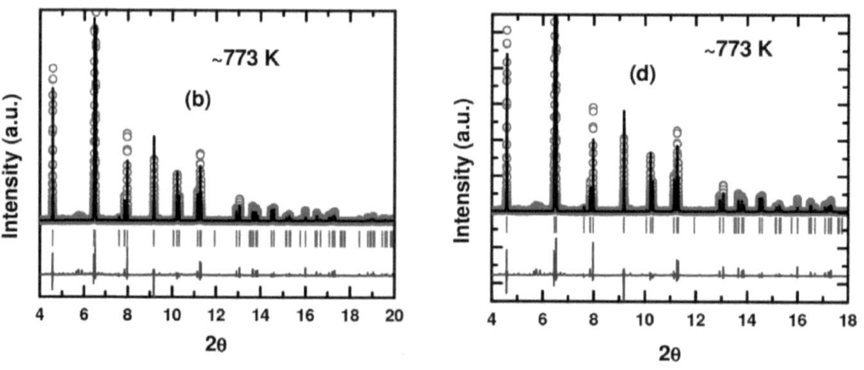

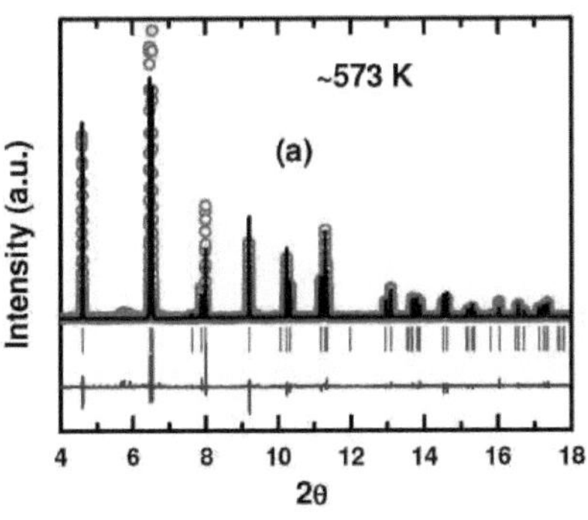

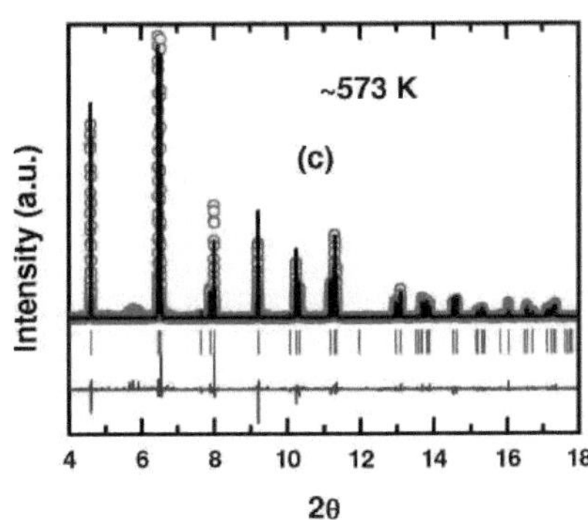

Fig. 4. Dados de difração de raios X de sincrotrão (ESRF) para partículas de ~100 nm [(a), (b)] e ~60 nm [(c), (d)] de BiFeO3 a diferentes temperaturas e respetivo refinamento.

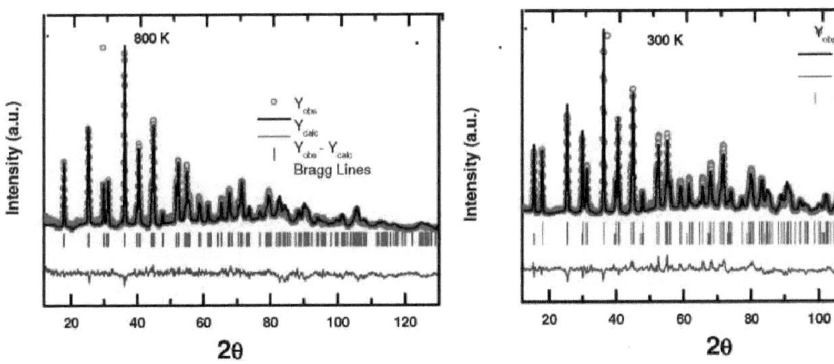

Fig. 5. Dados de difração de neutrões para BiFeO3 a granel abaixo e acima de TN.

Tabela I. Estatísticas de ajuste do refinamento Rietveld dos padrões de difração de raios X e neutrões e outros pormenores estruturais para algumas amostras representativas a diferentes temperaturas

(A) BiFeO3 a granel

Temp (K)	R_p	R_{wp}	χ^2	**Bond Length (Å)**	***Bond Angle (°)***
298	9.09	11.6	2.42	Bi-O= 2.5633	O-Fe-O=

				Bi-O= 2.5436 Fe-O= 1.6708	90.4234 O-Bi-O= 80.7905
373	8.94	11.3	2.28	Bi-O= 2.5825 Bi-O= 2.5178 Fe-O= 1.7306	O-Fe-O = 89.0777 O-Bi-O= 78.7859
473	8.70	11.1	2.18	Bi-O= 2.5718 Bi-O= 2.5221 Fe-O= 1.7256	O-Fe-O = 90.9089 O-Bi-O= 79.1945
523	8.42	10.9	2.09	Bi-O= 2.5644 Bi-O= 2.5191 Fe-O= 1.7235	O-Fe-O = 90.7933 O-Bi-O= 79.5288
573	8.57	11.0	2.14	Bi-O= 2.5653 Bi-O= 2.5183 Fe-O= 1.7368	O-Fe-O = 91.3475 O-Bi-O= 78.7267
628	8.47	10.9	2.09	Bi-O= 2.5727 Bi-O= 2.5045 Fe-O= 1.7262	O-Fe-O = 91.0553 O-Bi-O= 78.9864
633	8.20	10.5	1.94	Bi-O= 2.5704 Bi-O= 2.5179 Fe-O= 1.7222	O-Fe-O = 91.2343 O-Bi-O= 79.2974
638	8.31	10.7	2.04	Bi-O= 2.5728 Bi-O= 2.5424 Fe-O= 1.7174	O-Fe-O = 89.8429 O-Bi-O= 79.4573
643	8.17	10.6	2.02	Bi-O= 2.5803 Bi-O= 2.5392 Fe-O= 1.715	O-Fe-O = 89.52 O-Bi-O= 78.7524
648	8.27	10.6	2.05	Bi-O= 2.6073 Bi-O= 2.5362 Fe-O= 1.709	O-Fe-O = 89.3012 O-Bi-O=

					78.6944
653	8.01	10.3	1.96	Bi-O= 2.5913 Bi-O= 2.5344 Fe-O= 1.7041	O-Fe-O = 89.0654 O-Bi-O= 79.3364
658	8.29	10.7	2.11	Bi-O= 2.5904 Bi-O= 2.5336 Fe-O= 1.6973	O-Fe-O = 89.5032 O-Bi-O= 79.4962
663	8.07	10.4	1.93	Bi-O= 2.5728 Bi-O= 2.5258 Fe-O= 1.696	O-Fe-O = 91.2359 O-Bi-O= 79.6419
673	8.25	10.5	1.96	Bi-O= 2.5705 Bi-O= 2.5203 Fe-O= 1.71	O-Fe-O = 91.794 O-Bi-O= 79.7944

(B) 100nm $BiFeO_3$

Temp (K)	R_p	R_{wp}	χ^2	**Bond Length (Å)**	***Bond Angle (°)***
298	7.00	9.56	3.06	Bi-O= 2.42 Fe-O= 1.7569	O-Fe-O = 83.4689 O-Bi-O= 80.2443
498	8.17	10.7	2.56	Bi-O= 2.4299 Fe-O= 1.7091	O-Fe-O = 84.7458 O-Bi-O= 79.2851
518	8.16	10.7	2.61	Bi-O= 2.4429 Fe-O= 1.7602	O-Fe-O = 84.8927 O-Bi-O= 79.2765
538	8.09	10.4	2.48	Bi-O= 2.5978 Fe-O= 1.7529	O-Fe-O = 84.8334 O-Bi-O= 79.2993
558	8.23	10.6	2.67	Bi-O= 2.4524 Fe-O= 1.7798	O-Fe-O = 84.9272 O-Bi-O= 79.8975
578	8.56	11.2	3.00	Bi-O= 2.4405 Fe-O= 1.775	O-Fe-O = 84.8053 O-Bi-O= 79.9834
598	8.42	11.1	2.89	Bi-O= 2.4257 Fe-O= 1.7327	O-Fe-O = 85.1507 O-Bi-O= 80.1065
618	8.39	11.2	3.06	Bi-O= 2.4272 Fe-O= 1.7302	O-Fe-O = 85.3668 O-Bi-O= 80.0932

648	8.93	12.0	3.54	Bi-O= 2.4235 Fe-O= 1.7466	O-Fe-O = 86.07 O-Bi-O= 80.1043

(C) 60nm BiFeO3

Temp (K)	R_p	R_{wp}	χ^2	**Bond Length (Å)**	***Bond Angle (°)***
298	5.5	7.72	2.68	Bi-O= 2.4714 Fe-O= 1.7508	O-Fe-O = 104.4399 O-Bi-O= 74.3918
498	5.66	8.75	4.61	Bi-O= 2.0637 Fe-O= 1.855	O-Fe-O = 99.0283 O-Bi-O= 75.2331
528	5.49	8.58	4.44	Bi-O= 2.5382 Fe-O= 1.7331	O-Fe-O = 96.2654 O-Bi-O= 75.6094
538	5.46	8.45	4.32	Bi-O= 2.6622 Fe-O= 1.6593	O-Fe-O = 88.65 O-Bi-O= 75.9553
548	5.50	8.39	4.23	Bi-O= 2.5875 Fe-O= 1.2921	O-Fe-O = 101.3655 O-Bi-O= 90.7164
558	5.61	8.46	4.25	Bi-O= 2.5856 Fe-O= 1.6559	O-Fe-O = 83.3434 O-Bi-O= 78.9832
568	5.5	8.36	4.19	Bi-O= 2.5796 Fe-O= 1.6752	O-Fe-O = 81.8428 O-Bi-O=
573	5.52	8.35	4.16	Bi-O= 2.574 Fe-O= 1.6815	O-Fe-O = 82.0154 O-Bi-O=

					76.3456

(D) 30nm **$BiFeO_3$**

Temp(K)	R_p	R_{wp}	χ^2	Bond Length (Å)	*Bond Angle (°)*
298	19.2	23.6	3.22	Bi-O= 2.5561 Bi-O=2.5261 Fe-O=2.21 Fe-O=1.7952	O-Fe-O =91.6135 O-Bi-O=75.4442
613	18.1	22.4	2.81	Bi-O= 2.5772 Bi-O= 2.4948 Fe-O= 2.1966 Fe-O= 1.8109	O-Fe-O = 93.7247 O-Bi-O= 74.3799
623	18.3	22.7	2.75	Bi-O= 2.5703 Bi-O= 2.4994 Fe-O= 2.2164 Fe-O=1.7947	O-Fe-O = 94.1299 O-Bi-O= 74.8237
627	18.3	23.2	2.72	Bi-O= 2.5852 Bi-O= 2.4744 Fe-O= 2.2155 Fe-O=1.7999	O-Fe-O = 88.9202 O-Bi-O= 74.7011
629	18.7	24.3	2.82	Bi-O= 2.5928 Bi-O= 2.461 Fe-O= 2.21 Fe-O=1.7953	O-Fe-O = 90.0239 O-Bi-O= 74.6933
633	19.5	25.7	3.02	Bi-O= 2.6084 Bi-O= 2.4357 Fe-O= 2.2094 Fe-O=1.8022	O-Fe-O = 96.9559 O-Bi-O= 74.4954
638	20.1	26.8	3.20	Bi-O= 2.6225 Bi-O= 2.4279 Fe-O= 2.1919 Fe-O=1.8165	O-Fe-O = 96.9657 O-Bi-O= 73.9053
643	20.3	27.0	3.24	Bi-O=2.6131 Bi-O=2.4553	O-Fe-O =95.8089

				Fe-O=2.191 Fe-O=1.8168	O-Bi-O=73.8318

BiFeO a granel$_3$ (Difração de neutrões)

Temp (K)	R_p	R_{wp}	χ^2	**Bond Length (Å)**	***Bond Angle (°)***
300	2.02	5.16	6.52	Bi-O= 2.5265 Bi-O= 2.3033 Fe-O= 2.0972 Fe-O= 1.9781	Fe-O-Fe= 89.7302 O-Bi-O= 72.6560
340	2.01	5.49	7.44	Bi-O= 2.5273 Bi-O= 2.3051 Fe-O= 2.0970 Fe-O= 1.9786	Fe-O-Fe= 88.2857 O-Bi-O= 72.6178
360	2.01	5.36	7.09	Bi-O= 2.5407 Bi-O= 2.2930 Fe-O= 2.0967 Fe-O= 1.9793	Fe-O-Fe= 89.7964 O-Bi-O= 72.5454
385	2.03	6.07	8.92	Bi-O= 2.5435 Bi-O= 2.2958 Fe-O= 2.0906 Fe-O= 1.9841	Fe-O-Fe= 89.8779 O-Bi-O= 72.3714
410	2.03	5.75	7.99	Bi-O= 2.5420 Bi-O= 2.3019 Fe-O= 2.0934 Fe-O= 1.9828	Fe-O-Fe= 89.8614 O-Bi-O= 72.1930
435	2.01	5.49	7.45	Bi-O= 2.5473 Bi-O= 2.3014 Fe-O= 2.0945 Fe-O= 1.9822	Fe-O-Fe= 89.8634 O-Bi-O= 72.0730

460	2.05	5.83	8.06	Bi-O= 2.5363 Bi-O= 2.3191 Fe-O= 2.0990 Fe-O= 1.9791	Fe-O-Fe= 89.7991 O-Bi-O= 72.0565
475	2.08	5.04	5.87	Bi-O= 2.5299 Bi-O= 2.3178 Fe-O= 2.1049 Fe-O= 1.9766	Fe-O-Fe= 89.7186 O-Bi-O= 72.3335
490	2.07	5.67	7.51	Bi-O= 2.5420 Bi-O= 2.3163 Fe-O= 2.0968 Fe-O= 1.9816	Fe-O-Fe= 89.8367 O-Bi-O= 71.9865
505	2.01	4.98	6.14	Bi-O= 2.5478 Bi-O= 2.3080 Fe-O= 2.0926 Fe-O= 1.9851	Fe-O-Fe= 89.8921 O-Bi-O= 72.1033
520	2.08	4.95	5.68	Bi-O= 2.5447 Bi-O= 2.3150 Fe-O= 2.1010 Fe-O= 1.9793	Fe-O-Fe= 89.8088 O-Bi-O= 71.9833
535	2.07	5.07	6.00	Bi-O= 2.5480 Bi-O= 2.3110 Fe-O= 2.1022 Fe-O= 1.9774	Fe-O-Fe= 89.7955 O-Bi-O= 72.2111
550	2.04	5.18	6.45	Bi-O= 2.5486 Bi-O= 2.3106 Fe-O= 2.0932 Fe-O= 1.9877	Fe-O-Fe= 89.9224 O-Bi-O= 71.7469
565	2.10	4.93	5.50	Bi-O= 2.5479	Fe-O-Fe=

				Bi-O= 2.3083 Fe-O= 2.0950 Fe-O= 1.9871	89.9038 O-Bi-O= 71.8844
580	2.05	4.84	5.55	Bi-O= 2.5528 Bi-O= 2.3082 Fe-O= 2.0987 Fe-O= 1.9829	Fe-O-Fe= 88.3526 O-Bi-O= 71.9457
595	2.11	5.16	5.98	Bi-O= 2.5506 Bi-O= 2.3115 Fe-O= 2.0932 Fe-O= 1.9884	Fe-O-Fe= 88.3895 O-Bi-O= 71.8130
610	2.12	4.97	5.52	Bi-O= 2.5499 Bi-O= 2.3131 Fe-O= 2.1031 Fe-O= 1.9803	Fe-O-Fe= 88.3894 O-Bi-O= 72.1789
625	2.03	4.93	5.91	Bi-O= 2.5538 Bi-O= 2.3143 Fe-O= 2.0907 Fe-O= 1.9913	Fe-O-Fe= 88.4214 O-Bi-O= 71.6371
640	2.08	5.05	5.90	Bi-O= 2.5551 Bi-O= 2.3192 Fe-O= 2.0998 Fe-O= 1.9824	Fe-O-Fe= 88.4469 O-Bi-O= 71.8310
680	2.10	5.14	5.98	Bi-O= 2.5540 Bi-O= 2.3203 Fe-O= 2.0999 Fe-O= 1.9848	Fe-O-Fe= 88.4328 O-Bi-O= 71.8364
720	2.18	4.86	4.95	Bi-O= 2.5612 Bi-O= 2.3152 Fe-O= 2.0920	Fe-O-Fe= 88.5091 O-Bi-O=

				Fe-O= 1.9903	71.8384
760	2.11	4.89	5.34	Bi-O= 2.5608 Bi-O= 2.3215 Fe-O= 2.0947 Fe-O= 1.9897	Fe-O-Fe= 88.4628 O-Bi-O= 71.5284
800	2.10	5.14	6.01	Bi-O= 2.5665 Bi-O= 2.3174 Fe-O= 2.0936 Fe-O= 1.9890	Fe-O-Fe= 88.4288 O-Bi-O= 71.2213

Capítulo 3

Resultados e discussão

A Figura 6a e b mostra a variação dos parâmetros da rede - a e c - e do volume da rede (v) com a temperatura para a amostra a granel e nanométrica (~20 nm), respetivamente. Os pormenores relativos a algumas outras amostras são apresentados no documento suplementar. Foi possível observar uma clara anomalia em torno de T_N para todos estes parâmetros, o que significa a presença de acoplamento spin-rede. O T_N para todas as amostras foi determinado a partir de medições magnéticas e calorimétricas. A variação de T_N com o tamanho das partículas é apresentada no documento suplementar. A extensão da mudança nos parâmetros da rede como resultado do início da ordem magnética de longo alcance em T_N foi determinada usando o procedimento padrão de ajuste dos dados acima de T_N e extrapolando o padrão obtido do ajuste na faixa de temperatura abaixo de T_N. Este padrão teria sido seguido por um composto isoestrutural, mas não magnético, na ausência de qualquer transição magnética em T_N. A subtração dos parâmetros reais da rede aos extrapolados permite obter a extensão da alteração Δa, Δc e Δv. São representados como função da temperatura na Fig. 6a e b (painéis da direita). É interessante notar que, embora se possa observar uma contração clara dos parâmetros da rede e do volume a T_N em amostras nanométricas de dimensão intermédia (ver documento suplementar), a amostra a granel e as partículas mais finas (~20 nm) não apresentam essa caraterística. Isto deve-se ao facto de se esperar que a anomalia na amostra global seja bastante acentuada, o que não poderia ser captado pelos padrões de difração registados em intervalos de temperatura relativamente maiores em torno de T_N. A caraterística acentuada da anomalia na amostra global reflecte-se no traço calorimétrico (mostrado no documento suplementar) em torno de T_N. O pico endotérmico observado em T_N é de facto mais acentuado (largura total a meio máximo ≈2,4 K) do que os intervalos de temperatura (~5 K) em que os padrões de difração foram registados. As varreduras de difração em intervalos de temperatura ainda mais pequenos não puderam ser registadas devido à disponibilidade limitada de tempo de feixe. No caso de partículas de ~20 nm, por outro lado, a transição é bastante alargada. Por conseguinte, a contração dos parâmetros da rede e do volume na T_N também não pôde ser observada neste caso.

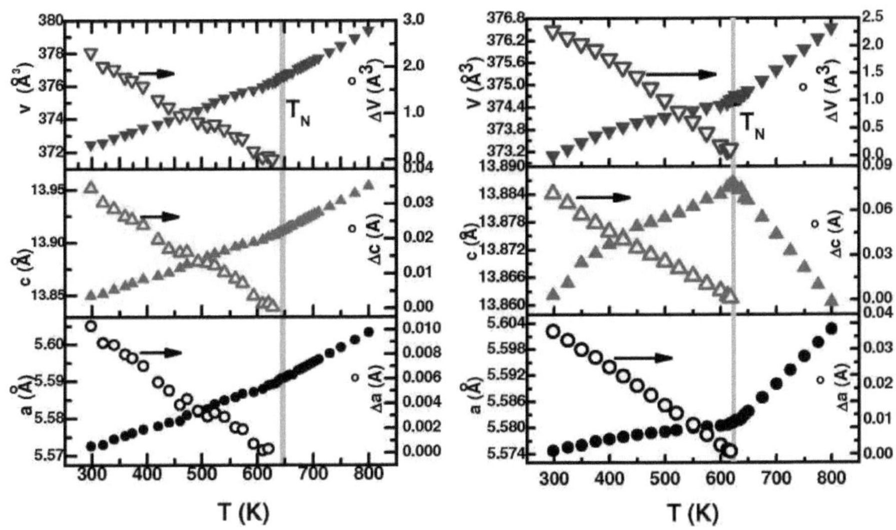

Fig. 6. Variação dos parâmetros de rede e do volume com a temperatura para (a) BiFeO3 em massa e (b) em nanoescala (~20 nm); o desvio padrão estimado obtido a partir do refinamento varia entre 0,2-0,4% para os parâmetros de rede.

Apresentamos agora a componente central do nosso trabalho: seguir o movimento de iões individuais ao longo de toda a gama de temperaturas 300-800 K e investigar a influência da ordem magnética de longo alcance. Os resultados obtidos por difração de raios X em laboratório e em sincrotrão, bem como por difração de neutrões, são analisados e comparados de modo a estabelecer a sua consistência intrínseca. A comparação é apresentada no documento suplementar. É importante salientar aqui que o rastreio do movimento de iões individuais em torno do T_N utilizando apenas dados de difração de neutrões coloca problemas, especialmente no caso presente em que o vetor de propagação k = 0 (embora a estrutura magnética tenha uma modulação espacial numa escala de comprimento de ~62 nm, verifica-se que a rede magnética pode ser descrita muito bem para amostras a granel e à escala nanométrica utilizando o vetor de propagação k = 0). Este facto deve-se ao aparecimento de picos nucleares e magnéticos no mesmo espaço recíproco da rede e à dificuldade em determinar a intensidade do pico separadamente para a estrutura nuclear e magnética. Para contornar este problema, comparámos os dados de difração de raios X e de neutrões em toda a gama de temperaturas para estabelecer a consistência na posição dos iões obtida. A Figura 7 mostra as posições do Fe 6a (0, 0, z) e do O 18b (x, y, z) (designado por R3c na configuração hexagonal) em função da temperatura para a amostra global e para as partículas de ~20 nm. A posição de Bi (6a) foi mantida fixa como a origem (0, 0, 0). A Fig. 8 apresenta resultados semelhantes para algumas outras amostras. Finalmente, a comparação dos resultados obtidos por difração de raios X e de neutrões é apresentada na Fig. 9. A amplitude do movimento anómalo em torno de T_N é enorme: para o Fe, varia entre ~0,015-0,113 A, enquanto que para o O, a amplitude é de ~0,002-0,1 A. Este movimento iónico em grande escala também foi observado anteriormente noutros sistemas multiferróicos [6]. De facto, o movimento em grande escala de iões perto de T_N, na extensão esperada em sistemas ferroeléctricos deslocados em torno da transição ferroeléctrica, foi considerado um mecanismo microscópico plausível por detrás do acoplamento entre parâmetros de ordem magnéticos e ferroeléctricos em sistemas multiferróicos [6]. No presente caso, utilizámos o movimento anómalo dos iões Fe e O abaixo de T_N para observar a restrição dos iões individuais. A Fig. 10 mostra a variação do deslocamento anómalo dos iões no T_N em função do tamanho das partículas. Surpreendentemente, o deslocamento dos iões no T_N parece variar não monotonicamente. Apesar do facto de a transição no T_N parecer ser isoestrutural em todos os casos (uma vez que não se notou uma assinatura clara de transição de fase estrutural) e de a magnetização aumentar monotonicamente com a diminuição do tamanho da partícula [11,12], o movimento de iões individuais abaixo do T_N não parece ser governado apenas pela magnetização. Um mecanismo diferente está também em jogo para reduzir o movimento anómalo dos iões em torno de T_N em partículas mais finas, mesmo na presença de grande magnetização.

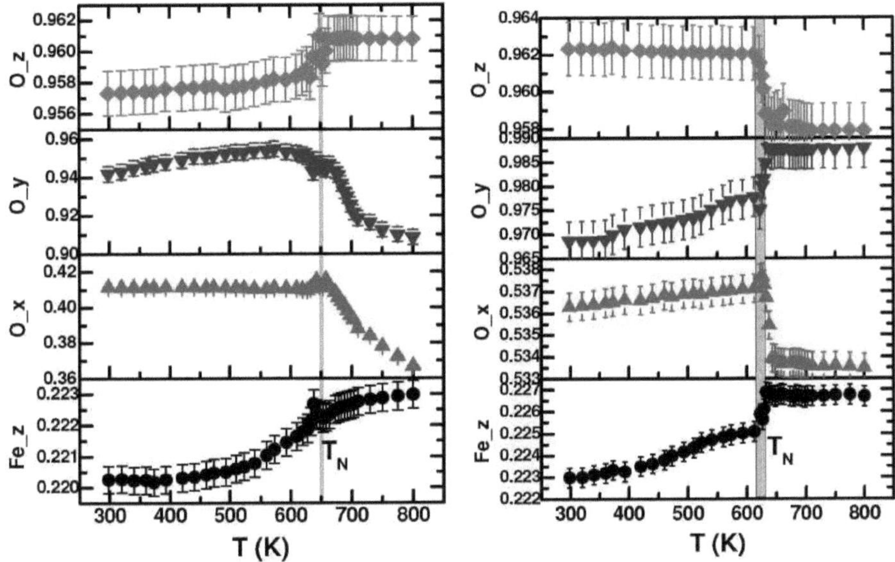

Fig.7. Variação das posições dos iões com a temperatura para **(a)** $BiFeO_3$ em massa e **(b)** em nanoescala (~20 nm); o desvio padrão estimado obtido a partir do refinamento foi utilizado para desenhar as barras de erro.

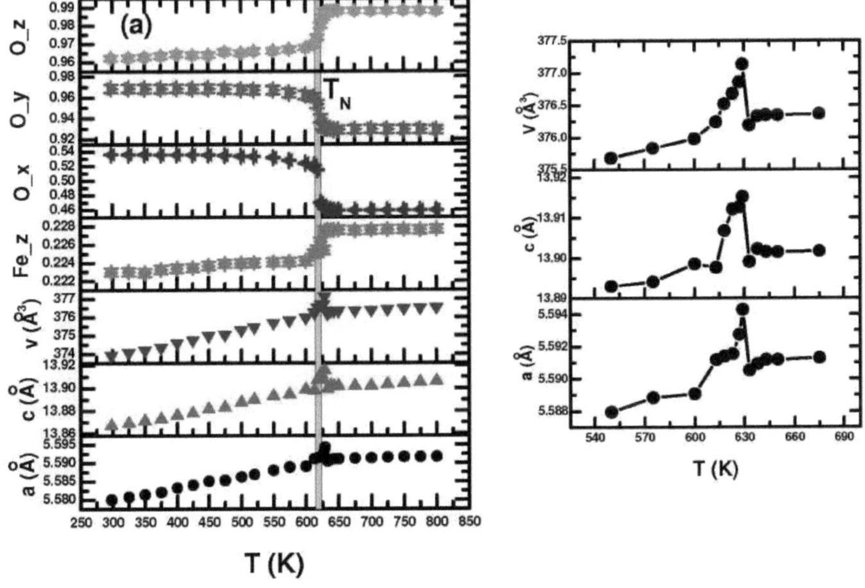

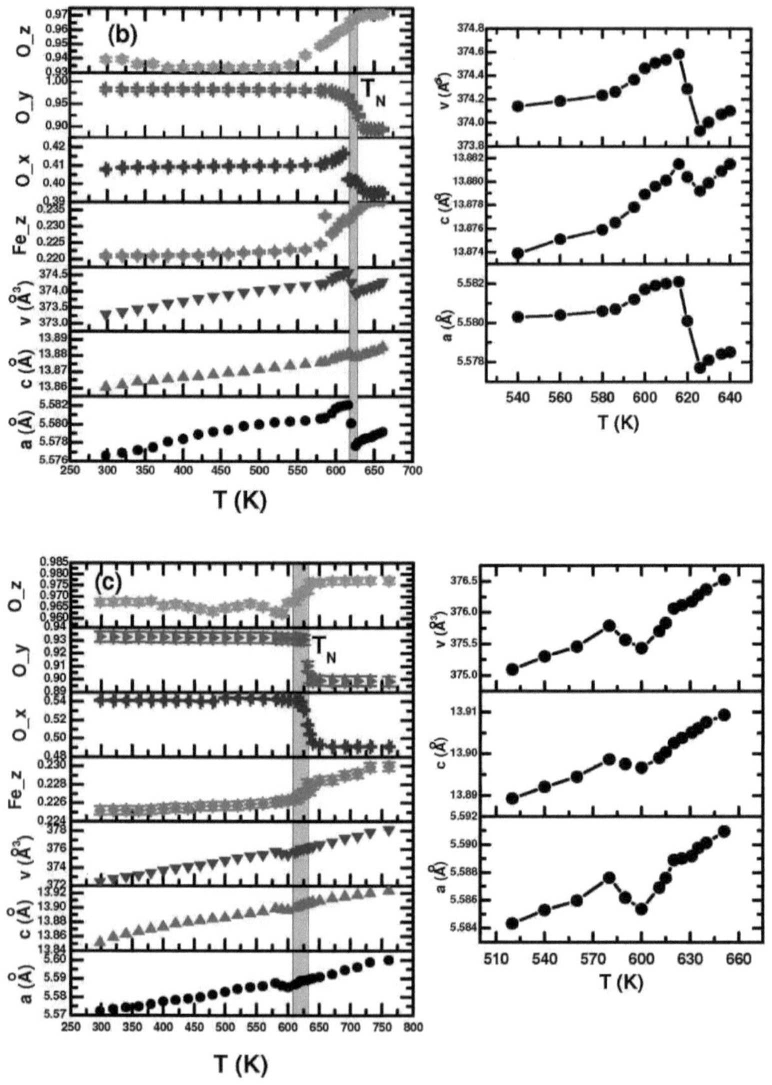

Fig. 8. Dependência dos parâmetros estruturais em função da temperatura para partículas de $BiFeO_3$ de (a) ~30 nm, (b) ~60 nm e (c) ~100 nm; a região próxima da transição é ampliada nos painéis laterais para mostrar a contração dos parâmetros da rede e o volume em torno da transição na T_N. As barras de erro foram desenhadas utilizando o desvio padrão estimado obtido a partir do refinamento de Rietveld. Para os parâmetros da rede, variam entre 0,2-0,4%.

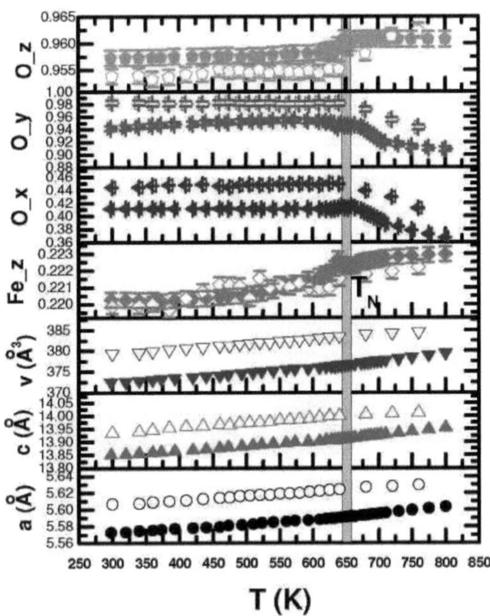

Fig. 9. Comparação entre os resultados obtidos por difração de raios X (símbolos sólidos) e por difração de neutrões (símbolos abertos) para a amostra a granel. As barras de erro são desenhadas utilizando o desvio padrão obtido a partir do refinamento de Rietveld. No caso dos parâmetros da rede, os erros variam entre 0,2 e 0,4%.

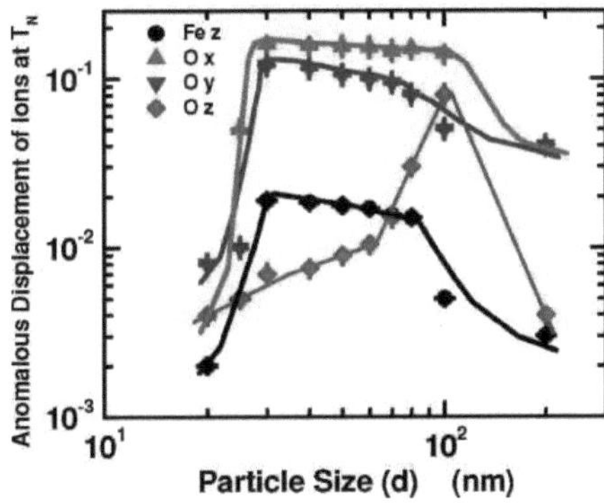

Fig. 10. Dependência do tamanho das partículas do deslocamento anómalo dos iões Fe e O em T_N.

Em seguida, investigamos a descentralização dos iões numa célula unitária e a sua variação com o tamanho da partícula. Começámos por determinar a posição dos iões numa célula unitária a partir do refinamento dos dados de difração. Na configuração hexagonal, o eixo de polarização [111] para BiFeO3 (grupo espacial *R3c*) transforma-se em [001]. O deslocamento descentrado dos iões Bi e Fe ao longo de [001] a partir das suas posições centro-simétricas em relação aos iões de oxigénio vizinhos foi determinado utilizando a respectiva posição dos iões. A deslocação líquida dos iões Bi e Fe ao longo de [001] é então utilizada para determinar a deslocação descentrada global numa célula unitária (δ). Este procedimento foi seguido anteriormente por Selbach *et al.* [15].

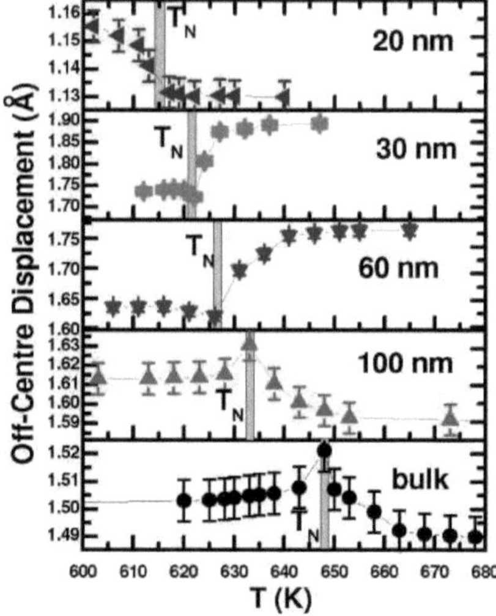

Fig. 11. Variação da deslocação descentrada dentro de uma célula unitária com a temperatura ao longo do T_N para algumas amostras representativas.

Nas partículas mais grossas, onde o δ é relativamente mais pequeno, apresenta um aumento abaixo do T_N. Em partículas mais finas, onde δ é maior, apresenta uma diminuição abaixo de T_N. Em partículas ainda mais finas, onde δ se torna novamente mais pequeno, aumenta abaixo de *TN*. É claro que, embora a caraterística grosseira de aumento de δ com a queda de temperatura de muito acima de T_N para muito abaixo de T_N prevaleça tanto na amostra a granel como nas partículas mais grossas, bem como nas partículas de ~20 nm, uma pequena caraterística semelhante a um pico em T_N também está associada no caso da amostra a granel e das partículas mais grossas. A partir de uma experiência de difração de neutrões num único cristal de $BiFeO_3$, foi demonstrado anteriormente [26] que a alteração da polarização (ou deslocamento descentrado de BiFeO3 - é calculado a partir de $[\delta_{av(below\ TN)} - \delta_{av(above\ TN)}]/\delta_{av(above\ TN)}$. Os dados iões) abaixo de *TN* resulta principalmente do efeito magnetostrictivo que leva à sua diminuição e não do efeito inverso de Dzyloshinskii- Moriya (DM) que supostamente o aumenta. No caso presente, no entanto, observamos tanto um aumento como uma diminuição de δ abaixo de *TN*, embora, como se refere mais adiante, esta alteração seja principalmente regida pelo efeito de estricção. A extensão da anomalia - uma vez que esta dará uma estimativa quantitativa da extensão do acoplamento multiferróico em massa e à nanoescala

Finalmente, voltamos a nossa atenção para a questão da variação do acoplamento magnetoeléctrico com o tamanho das partículas. O acoplamento magnetoeléctrico de origem multiferróica intrínseca reflecte-se na anomalia de δ em torno de *TN*. O δ numa célula - calculado como mencionado acima - é representado como uma função da temperatura (*T*) [Fig. 11]. Em todos os casos, é visível uma anomalia em torno da *TN*. O δ diminuiu ou aumentou à medida que a temperatura é reduzida através do *TN* a partir de cima. No caso da amostra a granel, bem como no caso da amostra nano, são utilizados para chegar ao nosso resultado principal sobre a variação do acoplamento magnetoeléctrico multiferróico com o tamanho das partículas no BiFeO3 a granel e em nanoescala (Fig. 12). Parece que o acoplamento varia não monotonicamente (entre ~0,5-12%) com o tamanho da partícula para a gama abrangida neste estudo. Parece existir um tamanho ótimo de partícula (~30 nm) em que o acoplamento é máximo. A comparação dos resultados obtidos a partir de dados de difração de raios X e de neutrões revela uma consistência intrínseca na magnitude do parâmetro de acoplamento magnetoeléctrico. Por exemplo, o acoplamento magnetoeléctrico é de ~1% para a amostra global em ambas as experiências de difração de raios X e de neutrões, ao passo que para as partículas de ~30 nm o acoplamento é de ~12% e ~13,5%, respetivamente. A Figura 12 mostra também a variação do deslocamento líquido descentrado dos iões (δ) à temperatura ambiente em função da dimensão das partículas. Curiosamente, este gráfico também não é monotónico. O deslocamento fora do centro aumenta inicialmente à medida que o tamanho da partícula diminui e depois, abaixo de um tamanho ótimo (~30 nm), diminui.

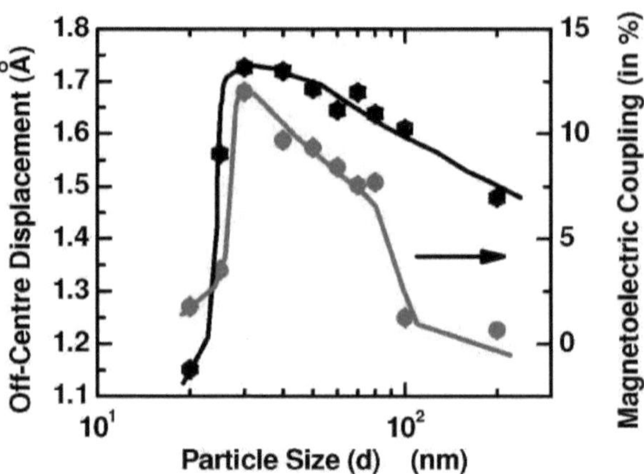

Fig.12. Dependência da dimensão das partículas do deslocamento descentrado dentro de uma célula e do acoplamento magnetoeléctrico.

Para verificar melhor a observação da variação não monotónica do acoplamento magnetoeléctrico com o tamanho das partículas, efectuámos também medições eléctricas diretas em algumas amostras selecionadas com diferentes partículas nanométricas em toda a gama ≈20-200 nm. As partículas foram depositadas num substrato isolante (Si/SiO2) sob a forma de um filme e os eléctrodos (Cu/Ag) foram depositados numa configuração de duas sondas. O esquema da configuração amostra-electrodo é apresentado na Fig. 13. Uma configuração semelhante de amostra-electrodo foi anteriormente utilizada por outros [27,28] para medir as propriedades dieléctricas e ferroeléctricas de partículas em nanoescala. Em alguns casos, utilizámos também um sofisticado feixe de iões focalizados para modelar os eléctrodos (Fig. 13) em nano-cadeias de BiFeO3, tal como descrito num dos nossos trabalhos anteriores [29]. Medimos a polarização ferroeléctrica remanente (P_R) das amostras sob diferentes campos magnéticos de 0-20 kOe para determinar a alteração da polarização sob campo magnético. Esta mudança - dada em % por $[\{P_R(0) - P_R(20\ kOe)\}/P_R(0)] \times 100$ - foi comparada com a mudança observada no deslocamento descentrado dos iões em torno do T_N. A mudança na polarização sob campo magnético obtida a partir da medição foi usada para mapear a dependência do tamanho da partícula do acoplamento magnetoelétrico. Os laços de histerese ferroeléctrica remanente sob campo magnético zero e ~20 kOe para alguns casos selecionados, bem como o gráfico da variação do acoplamento magnetoeléctrico com o tamanho das partículas - obtido a partir destas medições eléctricas diretas nas nanopartículas - são apresentados na Fig. 14. É evidente, a partir deste gráfico, que a caraterística grosseira da variação não monotónica do acoplamento magnetoeléctrico com o tamanho das partículas é corroborada tanto pela difração como pelas medições eléctricas diretas. No entanto, a magnitude do acoplamento magnetoeléctrico é diferente. Isto pode dever-se à influência de defeitos nos limites do domínio que possivelmente induzem variações nas caraterísticas de comutação do domínio na presença e ausência de campo magnético. É importante salientar que utilizámos um protocolo especial para extrair a polarização ferroeléctrica remanente das amostras. Este protocolo envia catorze impulsos (impulsos quadrados de pré-polarização e impulsos triangulares de polarização e medição) para a amostra num circuito Sawyer-Tower modificado para medir, separadamente, a contribuição da polarização ferroeléctrica e não ferroeléctrica, bem como a contribuição apenas da polarização não ferroeléctrica. A subtração do laço de histerese obtido para o segundo caso do primeiro produz a polarização ferroeléctrica remanente comutável intrínseca. Os pormenores do protocolo, o seu funcionamento e a física subjacente foram descritos no nosso trabalho anterior [30]. Asseguramos que a polarização ferroeléctrica remanente intrínseca é efetivamente obtida a partir deste protocolo para as amostras utilizadas no presente caso.

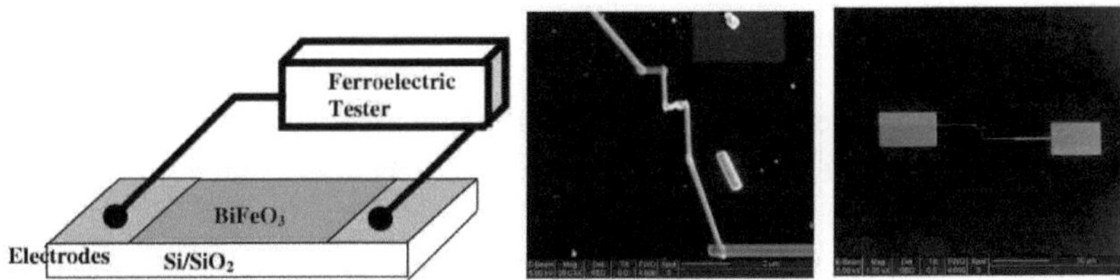

Fig. 13. (a) A configuração de eléctrodos de duas sondas utilizada para a medição das propriedades eléctricas de partículas nanométricas; as partículas são lançadas sobre um substrato; (b) Imagem SEM da modelação por feixe de iões focalizados utilizada para o fabrico da estrutura de teste amostra-elétrodo.

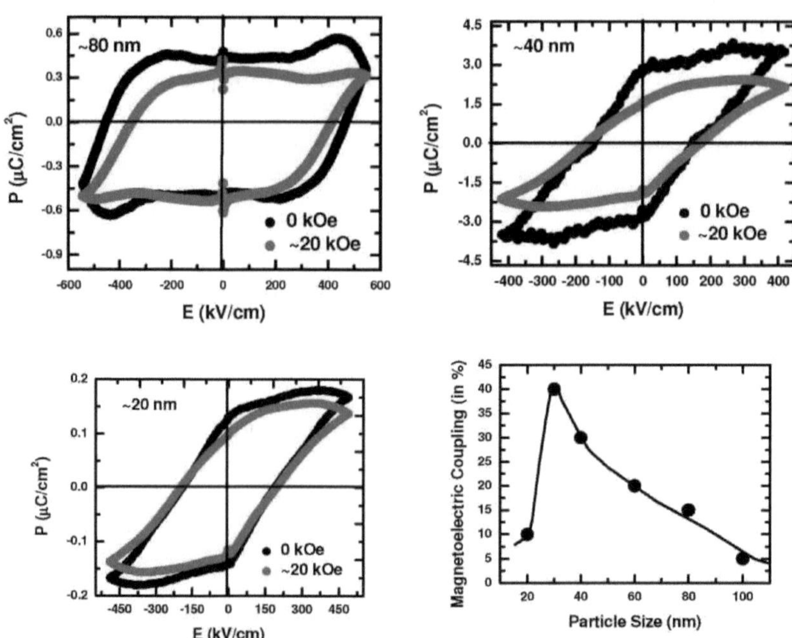

Fig. 14. Os laços de histerese ferroeléctrica remanente medidos à temperatura ambiente sob campo zero e ~20 kOe para amostras contendo partículas de tamanhos (**a**) ~80 nm, (**b**) ~40 nm e (**c**) ~20 nm; (**d**) o padrão geral de variação do acoplamento magnetoeléctrico (em %) com o tamanho das partículas obtido a partir destas medições eléctricas diretas nas nanopartículas.

O aumento do acoplamento magnetoeléctrico no BiFeO3 em nanoescala é esperado à medida que a magnetização aumenta em partículas mais finas devido à espiral de spin incompleta e ao aumento da cantonagem de spin [11,12]. Do ponto de vista da estrutura cristalográfica, a magnetização está contida no plano (111). Com o aumento da magnetização, a rotação antiferrodistortiva dos octaedros de FeO6 em torno do eixo de polarização [111] também aumenta [31]. Isto, por sua vez, influencia a polarização, alterando o deslocamento polar dos iões ao longo do eixo [111]. No entanto, com a diminuição do tamanho das partículas para menos de ~30 nm, a pressão de compressão parece reger as propriedades.

A comparação dos resultados apresentados nas Figs. 10 e 12 revela uma tendência interessante. Embora a magnetização aumente monotonicamente com a diminuição do tamanho da partícula [11,12], o deslocamento anómalo de um ião devido à tensão, o deslocamento líquido descentrado dos iões e, finalmente, o acoplamento magnetoeléctrico apresentam uma não monotonicidade. A fim de conciliar a dependência do tamanho das partículas de todas estas propriedades, analisámos os padrões de movimento anómalo de iões individuais em torno do T_N utilizando uma abordagem teórica de grupo no âmbito da transição isoestrutural. Esta análise teórica de grupo dos modos de deslocação anómala dos iões em torno do T_N assume importância do ponto de vista da compreensão da natureza da transição - isoestrutural ou de mudança de simetria - também. Utilizámos *o BasIreps* dentro da plataforma FullProf Suite para determinar as representações irredutíveis *(*τ *,* τ_{12} , e τ_3) que

Tabela II. Modos de deslocação de iões obtidos para o grupo espacial R3c. Para a estrutura k = 0, os modos Fe(6a) decompostos nas seguintes irredutibilidades definem todos os padrões de deslocação colectiva de iões permitidos para os iões Fe (sítio 6a) e O (sítio 18b) em *TN* para a simetria *R3c* com vetor de propagação k = 0. Seguimos as representações $\tau_{6a} = \tau_1 + \tau_2 + 2\tau_3$; os modos O(18b) podem ser decompostos nas representações irredutíveis $\tau_{18b} = 3\tau_1 + 3\tau_2 + 6\tau_3$.

Irred. Repres.	Basis Vectors		6a site (0,0,z)	6a site (0,0,z+½)	18b site		(x,y,z)	(-y,x-y,z)	(-x+y,-x,z)	(-y,-x,z+½)	(-x+y,y,z+½)	(x,x-y,z+½)
τ_1	D¹1		(001)	(001)	D¹1		(100)	(010)	(-1-10)	(0-10)	(-100)	(110)
					D¹2		(010)	(-1-10)	(100)	(-100)	(110)	(0-10)
					D¹3		(001)	(001)	(001)	(001)	(001)	(001)
τ_2	D²1		(001)	(00-1)	D²1		(100)	(010)	(-1-10)	(010)	(100)	(-1-10)
					D²2		(010)	(-1-10)	(100)	(100)	(-1-10)	(010)
					D²3		(001)	(001)	(001)	(00-1)	(00-1)	(00-1)
τ_3	D³1	Re	(√3/200)	(000)	D³1	Re	(100)	(0-½0)	(-½-½0)	(000)	(000)	(000)
		Im	(-√3/2-√30)	(000)		Im	(000)	(0-√3/20)	(-√3/2-√3/20)	(000)	(000)	(000)
	D³2	Re	(000)	(0-1.50)	D³2	Re	(010)	(1/2 1/2 0)	(-½00)	(000)	(000)	(000)
		Im	(000)	(-√3-√3/20)		Im	(000)	(√3/2√3/20)	(√3/200)	(000)	(000)	(000)
	D³3	Re	(000)	(0-1.50)	D³3	Re	(001)	(00-½)	(00-½)	(000)	(000)	(000)
		Im	(000)	(√3√3/20)		Im	(000)	(00-√3/2)	(00√3/2)	(000)	(000)	(000)
	D³4	Re	(1.500)	(000)	D³4	Re	(000)	(000)	(000)	(0-10)	(½00)	(-½-½0)
		Im	(√3/2√30)	(000)		Im	(000)	(000)	(000)	(000)	(-√3/200)	(-√3/2-√3/20)
					D³5	Re	(000)	(000)	(000)	(-100)	(-½-½0)	(0½0)
						Im	(000)	(000)	(000)	(000)	(√3/2√3/20)	(0√3/20)
					D³6	Re	(000)	(000)	(000)	(001)	(00-½)	(00-½)
						Im	(000)	(000)	(000)	(000)	(00√3/2)	(00-√3/2)
					D³7	Re	(000)	(000)	(000)	(0-10)	(½00)	(-½-½0)
						Im	(000)	(000)	(000)	(000)	(√3/200)	(√3/2√3/20)
					D³8	Re	(000)	(000)	(000)	(-100)	(-½-½0)	(0½0)
						Im	(000)	(000)	(000)	(000)	(-√3/2-√3/20)	(0-√3/20)
					D³9	Re	(000)	(000)	(000)	(001)	(00-½)	(00-½)
						Im	(000)	(000)	(000)	(000)	(00-√3/2)	(00√3/2)
					D³10	Re	(100)	(0-½0)	(-½-½0)	(000)	(000)	(000)
						Im	(000)	(0√3/20)	(√3/2√3/20)	(000)	(000)	(000)
					D³11	Re	(010)	(½½0)	(-½00)	(000)	(000)	(000)
						Im	(000)	(-√3/2-√3/20)	(-√3/200)	(000)	(000)	(000)
					D³12	Re	(001)	(00-½)	(00-½)	(000)	(000)	(000)
						Im	(000)	(00√3/2)	(00-√3/2)	(000)	(000)	(000)

notações usadas na Ref. 6 para designar as representações irredutíveis. As funções de base para todas as representações irredutíveis são dadas na Tabela II. Utilizando as funções de base correspondentes aos modos de deslocamento τ_1 e τ_2 , os possíveis padrões de deslocamento dos iões Fe (6a) e O (18b) são também apresentados no documento suplementar. Comparando este resultado teórico com os padrões de deslocação observados experimentalmente, obtidos a partir do refinamento dos dados de difração de raios X e de neutrões, descobrimos que a deslocação anómala dos iões Fe em torno de *TN* é, na verdade, consistente com o modo τ_1 em toda a gama de tamanhos de partículas. Os movimentos do ião O, por outro lado, exibem uma transformação do modo τ_1 para o modo τ_2 em partículas mais finas do que ~30 nm. No entanto, a transição no *TN* revela-se isoestrutural para toda a gama de tamanhos de partículas (≈20-200 nm). Não foi possível notar qualquer assinatura de transição estrutural em *TN*, mesmo para partículas mais finas onde os iões O exibem o modo de deslocamento anómalo τ_2 . Isto pode dever-se ao facto de a classe cristalina ser preservada mesmo para o modo de deslocamento τ_2 . Outros também não relataram [11,13-15,17] qualquer transição de fase estrutural no $BiFeO_3$ em nanoescala dentro desta faixa de tamanho. A transição isoestrutural é um pouco rara [32]. A física subjacente à transição isoestrutural não é muito bem compreendida, embora a interação eletrão-rede tenha sido considerada importante neste contexto [33]. A mudança de simetria resultante da deslocação subtil de iões em partículas mais finas, se é que ocorreu, não pôde ser captada no presente caso. Os padrões de movimento cooperativo de iões observados experimentalmente para a amostra a granel e as partículas de ~20 nm são apresentados na Fig. 15 utilizando a estrutura R3c. Enquanto a deslocação dos iões Fe está confinada ao longo do eixo c, a deslocação dos iões O ocorre ao longo dos eixos a, b e c. No entanto, para maior clareza, apenas a parte D1 1 da deslocação dos iões O é mostrada na Fig. 15. Para esta parte, o movimento do ião O é restrito ao plano ab - ao longo dos eixos a ou b ou num ângulo de 45° com os eixos. As funções de base correspondentes à direção do movimento são mostradas na Fig. 15 para os iões O. A origem destes padrões anómalos de deslocação dos iões Fe e O nos respectivos *TNs* e a consequente não monotonicidade na dependência do tamanho das partículas de diferentes propriedades foi investigada mais aprofundadamente. O refinamento Rietveld dos padrões de difração revela um aumento monotónico da tensão da rede. Este gráfico é apresentado no documento suplementar. Parece que estas partículas preparadas contêm tensão na rede e a tensão aumenta à medida que o tamanho diminui. Não foi utilizado nenhum tratamento especial de recozimento para libertar a deformação. Com a diminuição do tamanho das partículas, aumenta também a pressão interna (*P*), que é dada aproximadamente pela equação de Young-Laplace $P = 2\ S/d$, em que S é a tensão superficial (da ordem de 50 N/m para os óxidos de perovskite [34]) e d é o tamanho das partículas. Enquanto uma grande tensão da rede, através do seu acoplamento com a ordem ferroeléctrica, aumenta a polarização, o aumento da pressão de compressão reduz essa polarização, uma vez que a pressão conduz a estrutura cristalográfica para a centrossimetria. De facto, foi demonstrado que, com o aumento da pressão, o BiFeO3 romboédrico sofre uma série de transições de fase estrutural para estruturas centro-simétricas [35,36]. A primeira transição de *R3c* para C2/m centrossimétrico pode ser notada a uma pressão tão pequena como ~3 GPa. No caso presente, de acordo com a relação mencionada acima, uma pressão interna de ~5,0 GPa poderia ser gerada em partículas de tamanho ~20 nm. A supressão progressiva da não-centrossimetria observada numa amostra a granel sob pressão externa diretamente aplicada e uma observação semelhante em partículas nanométricas com a diminuição do tamanho das partículas oferece uma prova adicional de que, de facto, a pressão se acumula em partículas nanométricas. No entanto, não foi possível observar qualquer transição estrutural. Isto pode dever-se ao facto de esta estimativa ser apenas aproximada e não poder ser diretamente equiparada às observações feitas sob pressão de compressão aplicada externamente. Naturalmente, a competição entre o aumento da pressão e a consequente diminuição da não-centrossimetria e o aumento da descentração provocado pela deformação parece ser a origem do padrão não-monotónico observado de δ líquido. Isto reflecte-se ainda no gráfico do volume da rede versus o tamanho das partículas apresentado na Fig. 16. O volume da rede aumenta com a diminuição do tamanho das partículas no intervalo de ~30 nm a ~200 nm e depois diminui abaixo de ~30 nm. O cruzamento observado nos padrões de deslocamento coletivo dos iões de oxigénio do modo τ_1 para o modo τ_2 em partículas mais finas pode também dever-se à competição

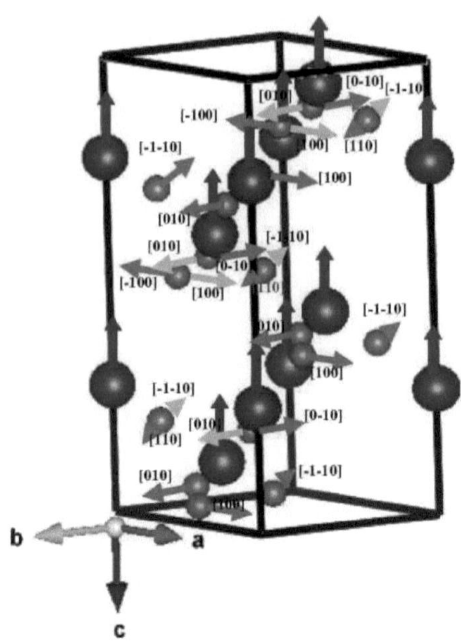

Fig. 15. São apresentados os deslocamentos dos iões Fe (azul) e O (vermelho) (a parte D1) observados na amostra global e nas partículas de ~20 nm. As deslocações do ião Fe são representadas por setas azuis, enquanto as deslocações do ião O são representadas por setas vermelhas e verdes. As setas verdes mostram o modo de deslocação $\tau 2$, enquanto as outras setas mostram o modo $\tau 1$. Por razões de clareza, os iões Bi não são mostrados aqui.

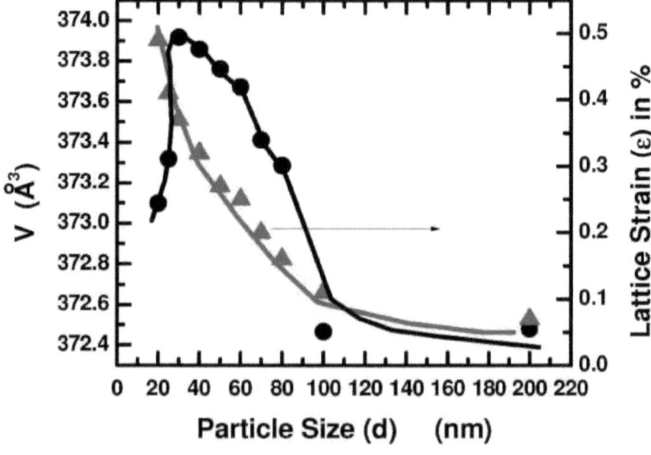

Fig. 16. Dependência do tamanho das partículas do volume da rede e da deformação.

entre os efeitos da deformação e da pressão. Utilizámos a teoria do funcional da densidade de primeiro princípio para calcular a não-centrossimetria estrutural na presença de concorrência entre a tensão de rede aumentada e a pressão de compressão. O método pseudopotencial de onda plana foi utilizado para os cálculos com 5 electrões de valência para o Bi ($6s^2$, $6p^3$), 8 para o Fe ($3d^6$, $4s^2$) e 6 para o O ($2s^2$, $2p^4$), tal como implementado no *Vienna Ab initio Simulation Package* (VASP). As optimizações de geometria foram efectuadas utilizando a aproximação de gradiente generalizado (GGA) no âmbito de Perdew - Burke - Ernzerhof (PBE) para o funcional de troca e correlação. A precisão da convergência auto-consistente e a energia de corte foram fixadas em 10^{-6} eV/átomo e 400 eV, respetivamente. Foi utilizada uma grelha altamente densa de 21 × 21 × 21 pontos k de Monkhorst - Pack para a amostragem da zona de Brillouin, enquanto o método do tetraedro com correção de Blochl foi utilizado para a integração da zona de Brillouin. O critério de convergência para a força máxima de Hellman - Feynman entre os átomos e o alargamento Gaussiano foi fixado em 0,01 eV A^{-1} e 0,05 eV durante a relaxação dos iões. Inicialmente, é verificada a influência da deformação da rede (tanto compressiva como de tração) na não-centrossimetria sob pressão ambiente. Para calcular o efeito da deformação da rede, foram utilizados os parâmetros da rede para a amostra a granel sem deformação. O parâmetro a no plano foi limitado em função da extensão da deformação introduzida, enquanto o parâmetro c fora do plano e todas as posições dos iões foram variadas. O parâmetro de rede relaxado c e as posições dos iões, bem como a estrutura eletrónica, foram finalmente determinados para o estado de energia total mínima nessas condições. Este cálculo foi então repetido para diferentes deformações. Embora este protocolo produza efetivamente o impacto da deformação epitaxial, devido à semelhança das caraterísticas grosseiras [37-41], também capta a essência da influência da micro-deformação numa partícula nanométrica. Apesar das diferenças, como a associação da desordem à micro-deformação, parece que a micro-deformação também influencia as propriedades físicas, como a ferroeletricidade, o magnetismo, o transporte de cargas, etc., da mesma forma que a deformação epitaxial. A semelhança entre o efeito da deformação epitaxial e da micro-deformação é claramente ilustrada no estudo da variação do "bandgap" em nanopartículas de BiFeO3 em função da deformação [39]. O padrão observado é comparável a um padrão semelhante em películas finas epitaxiais com tensão epitaxial. Por conseguinte, apesar de se tratar de um modelo de brinquedo, utilizado para examinar a variação da não-centrossimetria estrutural na presença de competição entre a deformação da rede e a pressão de compressão, os resultados obtidos a partir do modelo são relevantes no contexto da micro-deformação em nanopartículas. A simulação direta de toda a nanopartícula de tamanho ≈20-200 nm, que requer a consideração de um grande número de átomos, está fora do âmbito deste trabalho. Na Tabela 1, apresentamos a extensão da deformação, os parâmetros da rede e as posições dos iões. Depois de determinar o mapa da deformação versus parâmetros estruturais, o

Tabela-II. A deformação, os parâmetros da rede, as posições dos iões e a pressão de compressão obtidos a partir de cálculos de primeiro princípio utilizando a teoria do funcional da densidade. As posições dos iões obtidas são utilizadas para calcular a deslocação fora do centro numa célula. Os resultados simulam a dependência não monotónica do tamanho das partículas do deslocamento descentrado observado experimentalmente no $BiFeO_3$ em nanoescala.

Strain (%)	a (Å)	c (Å)	Bi x, y, z	Fe x, y, z	O x, y, z
0	5.446	13.144	0.0000 0.0000 -0.01244	0.0000 0.0000 0.21891	0.24436 0.89577 0.29104
-1.0	5.529	13.241	0.0000 0.0000 -0.00959	0.0000 0.0000 0.21896	0.24625 0.89726 0.29008
-2.0	5.500	13.472	0.0000 0.0000 0.00750	0.0000 0.0000 0.78156	0.01478 0.43679 0.04378
+1.0	5.539	12.825	0.0000 0.0000 -0.01461	0.0000 0.0000 0.21997	0.24855 0.89875 0.29142
+2.0	5.601	12.540	0.0000 0.0000 -0.01716	0.0000 0.0000 0.22091	0.25167 -0.09918 0.29195
-2.0 (0.063 GPa)	5.500	13.2156	0.0000 0.0000 -0.01656	0.0000 0.0000 0.22147	0.25116 -0.09957 0.29257
-2.0 (0.7 Gpa)	5.500	13.0542	0.0000 0.0000 -0.01659	0.0000 0.0000 0.22114	0.25082 -0.09975 0.2926
-2.0 (7.7 GPa)	5.500	12.8468	0.0000 0.0000 -0.01725	0.0000 0.0000 0.22037	0.24908 0.8993 0.29216

Foi efectuado um cálculo para determinar os parâmetros na presença de pressão de compressão utilizando os resultados obtidos sob tensão máxima. A pressão foi gerada por uma matriz de forças internas que actua sobre os iões individuais. Em cada nível, os iões foram autorizados a relaxar. O cálculo do efeito da pressão de compressão na presença de uma grande deformação da rede é o novo aspeto. Isto foi feito para captar a física essencial subjacente à dependência não monotónica do tamanho das partículas da não-centrossimetria.

Os parâmetros da rede e as posições dos iões sob pressão são apresentados na Tabela II. A variação do deslocamento descentrado com a deformação da rede e as pressões de compressão na presença de deformação são mostradas na Fig. 8. Verifica-se que a não-centrossimetria estrutural aumenta em ≈5-6% com o aumento da tensão da rede em ±2%. Verifica-se que a deformação compressiva tem uma influência mais forte na não-centrossimetria. Um resultado semelhante foi registado anteriormente para o BiFeO3 [42]. Embora a deformação da rede aumente de facto a não-centrossimetria estrutural, a pressão compressiva reduz-a progressivamente e, a uma pressão de ~7,7 GPa, dá origem a uma não-centrossimetria ainda mais pequena do que a observada numa amostra sem deformação, mantendo a simetria *R3c* (Fig. 17). Este resultado é consistente com a nossa observação experimental e explica a física subjacente à dependência não monotónica do tamanho da partícula do deslocamento descentrado. A questão da transição de fase estrutural sob pressão compressiva na gama de 0-7,7 GPa foi abordada através do cálculo da energia total mínima para o *R3c* e possíveis outras fases, como o *C2/m* centrossimétrico e *o Pnma. O R3c* parece oferecer a energia total mínima mais baixa. A diferença entre a energia total mínima para a fase *R3c* e *C2/m* é da ordem de ~40 eV. As amostras que exibem a transição *R3c* para *C2/m* [35,36] a uma pressão inferior a ~3 GPa podem conter defeitos de rede de grande escala. Nas nossas amostras à nanoescala, também não observámos qualquer assinatura de transição de fase estrutural em partículas mais finas, onde, como demonstrado acima, a pressão de compressão pode ser de ~5 GPa.

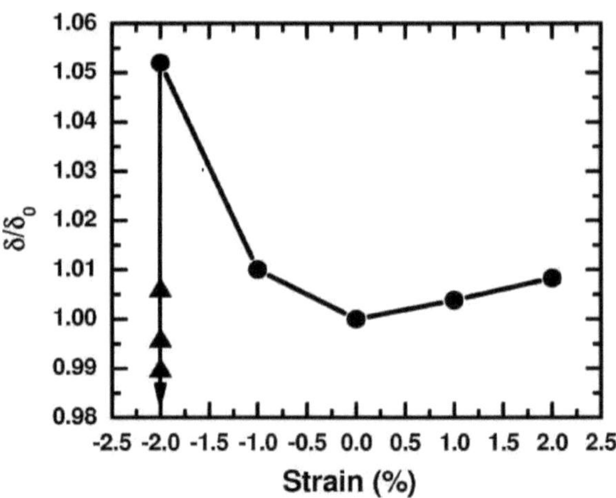

Fig. 17. Variação do deslocamento descentrado (δ), normalizado pelo valor (δ_0) para a amostra sem deformação, com a deformação da treliça (círculos), conforme obtido a partir de cálculos de primeiros princípios; são também apresentados os resultados obtidos sob pressões de compressão na presença de uma grande deformação da treliça (triângulos).

Como a não-centrossimetria estrutural - medida pelo descentramento dos iões em relação à sua posição centrossimétrica acima da temperatura de transição ferroeléctrica - está diretamente relacionada com a polarização ferroeléctrica, as posições dos iões e o seu deslocamento estão também intimamente relacionados com a estrutura de spin magnético da rede. Isto deve-se ao facto de o mecanismo de acoplamento de troca, que é responsável por dar origem à ordem de spin de longo alcance, depender das posições dos iões e da distância (ou seja, do comprimento da ligação) entre os iões. A influência da estrutura de spin na posição do ião pode ser claramente observada no efeito magnetoelástico, em que o acoplamento spin-rede produz uma alteração anómala dos parâmetros da rede, das posições dos iões, dos comprimentos de ligação e do ângulo. No presente caso, mostramos que o início da ordem magnética de longo alcance influencia as posições dos iões para dar origem à alteração do descentramento líquido também. Assim, para além do efeito magnetoelástico, observa-se também o efeito magnetoeléctrico. Esta observação é equivalente à observação da mudança de polarização sob campo magnético abaixo do T_N. É importante salientar, neste contexto, que num dos nossos trabalhos anteriores [23] realizámos experiências de difração de neutrões em pó à temperatura ambiente (isto é, muito abaixo da T_N) sob um campo magnético de ~50 kOe. As posições dos iões, bem como a não-centrossimetria estrutural líquida, exibiram de facto alterações consideráveis sob um campo de ~50 kOe, reflectindo os efeitos magnetoelásticos e magnetoeléctricos no $BiFeO_3$ em nanoescala. A estreita correlação entre a deslocação descentrada de uma célula, a restrição de um ião em torno de T_N e o acoplamento magnetoeléctrico indica a presença de um forte acoplamento entre piezo e magnetostricção. Através deste acoplamento, a polarização ferroeléctrica parece estar a influenciar diretamente a estricção de um ião que, por sua vez, governa o acoplamento magnetoeléctrico. A clara dependência do acoplamento magnetoeléctrico do deslocamento líquido fora do centro exclui a possibilidade de o mecanismo DM inverso ser a origem do acoplamento magnetoeléctrico. A influência da piezoestricção é mais evidente nas partículas mais finas, onde, apesar do aumento da magnetização, o movimento anómalo dos iões por estricção no T_N apresenta uma queda que segue a tendência da polarização. Assim, enquanto o aumento da tensão da rede aumenta a não-centrossimetria estrutural em partículas mais finas, o aumento da pressão de compressão tende a reduzi-la. A competição produz uma dependência não-monotónica da não-centrossimetria em função do tamanho da partícula, bem como do acoplamento magnetoeléctrico. Este padrão é determinado pela variação não-monotónica da tensão de um ião individual em torno do T_N com o tamanho da partícula.

Em resumo, oferecemos um mapa abrangente da dependência do tamanho da partícula das propriedades multiferróicas numa vasta gama de tamanhos de partícula - desde o tamanho do grão a granel (~200 nm) até à nanoescala (~20 nm) - para o $BiFeO_3$. Mostramos que, com a diminuição do tamanho das partículas, a não-centrossimetria estrutural, o acoplamento magnetoeléctrico e o deslocamento anómalo de iões individuais em T_N seguem um padrão não monotónico. Este comportamento é consistente com a mudança nos padrões de deslocamento anómalo de iões em torno de T_N em partículas mais finas. A não-monotonicidade resulta da competição entre o aumento da pressão de compressão e a deformação da rede em partículas mais finas. A observação da polarização máxima e do acoplamento magnetoeléctrico em partículas de ~30 nm poderá ter um efeito profundo na conceção de dispositivos nano-espintrónicos baseados em $BiFeO_3$ em nanoescala.

Referências

1. Calamiotou, M. *et al.* Distorções da rede local vs. transição de fase estrutural em NdFeAsO F_{1-xx}. *Physica C **527**, 55-62* (2016).

2. Tse, J. S. & Klein, M. L. Pressure-induced phase transformations in ice. *Phys. Rev. Lett.* ***58***, 1672-1675 (1987).

3. Bosio, L., Johari, G. P. & Teixera, J. X-ray study of high density amorphous water. *Phys. Rev. Lett.* ***56***, 460-463 (1986).

4. Guzman, R. *et al.* Películas finas multiferróicas $SrMnO_3$ com graduação polar. *Nano Lett.* ***16***, 2221-2227 (2016).

5. Walker, H. C. *et al.* Distorções da rede induzidas magneticamente em femtoscala em TbMnO3 multiferróico. *Science* ***333***, 1273-1276 (2011).

6. Lee, S. *et al.* Giant magneto-elastic coupling in multiferroic hexagonal manganites. *Nature* ***451***, 805-809 (2008).

7. Fiebig, M., Lottermoser, T., Meier, D. & Trassin, M. The evolution of multiferroics. *Nature Rev. Mater.* ***1***, 16046 (2016).

8. Catalan, G. & Scott, J. F. Physics and applications of Bismuth Ferrite. *Adv. Mater.* ***21***, 2463-2485 (2009).

9. Sando, D., Barthelemy, A. & Bibes, M. BiFeO3 epitaxial thin films and devices: past, present, and future. *J. Phys.:Condens. Matter* ***26***, 473201 (2014).

10. Yang, J.-C., He, Q., Yu, P. & Chu, Y.-H. Filmes finos de BiFeO3: um campo de jogos para explorar o controlo do campo elétrico de multifuncionalidades.

Annu. Rev. Mater. Res ***45***, 249-275 (2015).

11. Park, T.-J., Papaefthymiou, G. C., Viescas, A. J., Moodenbaugh, A. R. & Wong, S. S. Size-dependent magnetic properties of single crystalline multiferroic BiFeO3. *Nano Lett. 7*, 766-772 (2007).

12. Mazumder, R. *et al.* Ferromagnetismo em BiFeO3 em nanoescala. *Appl. Phys. Lett.*

91, 062910 (2007).

13. Huang, F. *et al.* Magnetismo peculiar de nanopartículas de BiFeO3 com tamanho que se aproxima do período da estrutura de spin em espiral. *Sci. Rep.* **3**, 2907 (2013).

14. Landers, J., Salamon, S., Castillo Escobar, M., Lupascu, D. C. & Wende, H. Mossbauer spectroscopy of temperature-dependent cycloidal ordering in $BiFeO_3$ nanoparticles. *Nano Lett.* **14**, 6061-6065 (2014).

15. Selbach, S. M., Tybell, T., Einarsrud, M. A. & Grande, T. Propriedades dependentes do tamanho das nanopartículas multiferróicas de $BiFeO_3$. *Chem. Mater.* **19**, 6478-6484 (2007).

16. Chen, P. *et al.* Modos de fões infravermelhos dependentes do tamanho e transição de fase ferroeléctrica em nanopartículas de BiFeO3. *Nano Lett.* **10**, 4526-4532 (2010).

17. Petkov, V., Selbach, S. M., Einarsrud, M.-A., Grande, T. & Shastri, S.D. Melting of Bi sublattice in nanosized BiFeO3 perovskite by resonant x-ray diffraction. *Phys. Rev. Lett.* **105**, 185501 (2010).

18. Chu, Y. H. *et al.* Efeitos de tamanho ferroelétrico em películas finas multiferróicas de BiFeO3. *Appl. Phys. Lett.* **90**, 252906 (2007).

19. Heron, J. T. *et al.* Deterministic switching of ferromagnetism at room temperature using an electric field. *Nature* **516**, 370-373 (2014).

20. Yang, J. C. *et al.* BiFeO ortorrômbico$_3$. *Phys. Rev. Lett.* **109**, 247606 (2012).

21. Zeches, R. J. *et al.* A strain-driven morphotropic phase boundary in BiFeO3. *Science* **326**, 977-980 (2009).

22. Wesselinowa, J. M. & Apostolova, I. Estudo teórico de nanopartículas multiferróicas de BiFeO3. *J. Appl. Phys.* **104**, 084018 (2008).

23. Goswami, S., Bhattacharya, D., Choudhury, P., Ouladdiaf, B. & Chatterji, T. Multiferroic coupling in nanoscale BiFeO3. *Appl. Phys. Lett.* **99**, 073106 (2011).

24. Goswami, S., Bhattacharya, D. & Choudhury, P. Dependência do tamanho da

partícula de magnetização e não-centrossimetria em nanoescala BiFeO3. *J. Appl. Phys.* **109**, 07D737 (2011).

25. Rodriguez-Carvajal, J. FullProf Manual (www.ill.eu/sites/fullprof) (Institut Laue-Langevin, Grenoble, 2001).

26. Lee, S. *et al.* Acoplamento magnetoeléctrico magnetostrictivo negativo de BiFeO3. *Phys. Rev. B* **88**, 060103(R) (2013).

27. Sun, B., Wei, L., Li, H. & Chen, P. Propriedades ferromagnéticas e ferroeléctricas de nanoflores de BiFeO3 monocristalinos multiferróicos à temperatura ambiente, controladas pela luz. *J. Mater. Chem. C* **2**, 7547-7551 (2014).

28. Sun, B., Han, P., Zhao, W., Liu, Y. & Chen, P. Propriedades magnéticas e ferroeléctricas controladas pela luz em nanofolhas quadradas multiferróicas de $BiFeO_3$. *J. Phys. Chem. C* **118**, 18814-18819 (2014).

29. Goswami, S. *et al.* Grande acoplamento magnetoeléctrico em nanoescala $BiFeO_3$ a partir de medições eléctricas diretas. *Phys. Rev. B* **90**, 104402 (2014).

30. Chowdhury, U., Goswami, S., Bhattacharya, D., Midya, A. & Mandal, P. Determinação da polarização ferroeléctrica intrínseca em sistemas ferroeléctricos impróprios com perdas. *Appl. Phys. Lett.* **109**, 092902 (2016).

31. Ederer, C. & Spaldin, N. A. Weak ferromagnetism and magnetoelectric coupling in bismuth ferrite. *Phys. Rev. B.* **71**, 060401(R) (2005).

32. Scott, J. F. Transições de fase isoestruturais em BiFeO3. *Adv. Mater.* **22**, 2106-2107 (2010).

33. Barma, M., Kaplan, T. A. & Mahanti, S. D. Isostructural phase transition in solids. *Phys. Lett. A* **57**, 168-170 (1976).

34. Zhou, Z. H. *et al.* Giant strain in PbZr0.2Ti0.8O3 nanowires. *Appl. Phys. Lett.* **90**, 052902 (2007).

35. Haumont, R. *et al.* Effect of high pressure on multiferroic BiFeO3. *Phys. Rev. B* **79**, 184110 (2009).

36. Guennou, M. *et al.* Múltiplas transições de fase de alta pressão em $BiFeO_3$. *Phys. Rev. B* **84**, 174107 (2011).

37. Mocherla, P. S. V., Karthik, C., Ubic, R., Rao, M. S. R. & Sudakar, C. Effect of microstrain on the magnetic properties of $BiFeO_3$ nanoparticles. *Appl. Phys. Lett.* **105**, 132409 (2014).

38. Tajiri, T. *et al.* Effect of anisotropic strain on perovskite $LaMnO_{3+}$ j nanoparticles embedded in mesoporous silica. *J. Appl. Phys.* **110**, 044307 (2011).

39. Satar, N. S. A. *et al.* Experimental and first-principles investigations of lattice strain effect on electronic and optical properties of biotemplated BiFeO3 nanoparticles. *J. Phys. Chem. C* **120**, 26012-26020 (2016).

40. Ortega-San-Martin, L. *et al.* Sensibilidade à micro-esforço da separação de fase orbital e eletrónica em $SrCrO_3$. *Phys. Rev. Lett.* **99**, 255701 (2007).

41. Pratt, A. *et al.* Enhanced oxidation of nanoparticles through strain- mediated ionic transport. *Nat. Mater.* **13**, 26-30 (2014).

42. Ederer, C. & Spaldin, N. A. Influência da deformação e das vacâncias de oxigénio nas propriedades magnetoeléctricas da ferrite de bismuto multiferróica. *Phys. Rev. B* **71**, 224103 (2005).

Agradecimentos

Um dos autores (S.G.) agradece o apoio sob a forma de Senior Research Associateship do CSIR, Governo da Índia, durante este trabalho.

Printed by Books on Demand GmbH, Norderstedt / Germany